essentials

Springer Essentials sind innovative Bücher, die das Wissen von Springer DE in kompaktester Form anhand kleiner, komprimierter Wissensbausteine zur Darstellung bringen. Damit sind sie besonders für die Nutzung auf modernen Tablet-PCs und eBook-Readern geeignet. In der Reihe erscheinen sowohl Originalarbeiten wie auch aktualisierte und hinsichtlich der Textmenge genauestens konzentrierte Bearbeitungen von Texten, die in maßgeblichen, allerdings auch wesentlich umfangreicheren Werken des Springer Verlags an anderer Stelle erscheinen. Die Leser bekommen „self-contained knowledge" in destillierter Form: Die Essenz dessen, worauf es als „State-of-the-Art" in der Praxis und/oder aktueller Fachdiskussion ankommt.

Ekbert Hering

Projektmanagement für Ingenieure

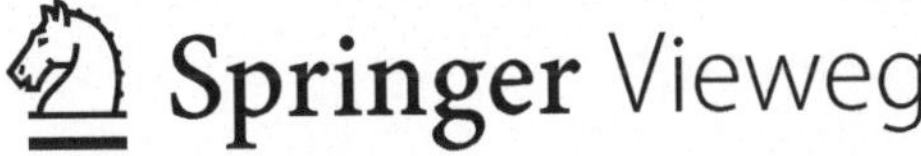

Ekbert Hering
Hochschule für angewandte
  Wissenschaften Aalen
Deutschland

ISSN 2197-6708   ISSN 2197-6716 (electronic)
ISBN 978-3-658-04380-3   ISBN 978-3-658-04381-0 (eBook)
DOI 10.1007/978-3-658-04381-0

Die Deutsche Nationalbibliothek verzeichnet diese Publikation in der Deutschen National-
bibliografie; detaillierte bibliografische Daten sind im Internet über http://dnb.d-nb.de ab-
rufbar.

Springer Vieweg
© Springer Fachmedien Wiesbaden 2014

Springer Vieweg ist eine Marke von Springer DE. Springer DE ist Teil der Fachverlagsgruppe
Springer Science+Business Media
www.springer-vieweg.de

Vorwort

Dieses Werk basiert auf dem „Handbuch Betriebswirtschaft für Ingenieure" von Ekbert Hering und Walter Draeger, 3 Aufl. 2000. Dieses Werk hat sich einen hervorragenden Platz als Lehrbuch für Studierende, insbesondere der Ingenieurwissenschaften, und als Standard-Nachschlagewerk für Ingenieure in der Praxis geschaffen. Die Vorteile sind die *große Praxisnähe* (das Werk wurde von Praktikern für Praktiker geschrieben), die Präsentation der *ganzen Breite des Managementwissens* sowie die vielen Beispiele, welche die sofortige Umsetzung in den betrieblichen Alltag ermöglichen.

Bei den Methoden des Projektmanagements wurden die aktuellen nationalen und internationalen Normen sowie die Standards der führenden nationalen und internationalen Institutionen für Projektmanagement berücksichtigt. Das vorliegende Buch beschreibt das Projektmanagement wesentlich kompakter und strukturierter als im oben genannten Werk, es enthält viele neue Abbildungen und ein Beispiel für die Anwendung der Netzplantechnik.

Inhaltsverzeichnis

Einleitung 1

Die Abwicklung von Projekten stellt die Verantwortlichen vor eine ständig schwieriger werdende Aufgabe. Die Unternehmen müssen in einer globalen, wettbewerblich agierenden, arbeitsteiligen und komplexen Welt erfolgreich sein. Folgenden Herausforderungen müssen sich Unternehmen bei ihren Produkten und Dienstleistungen stellen:

- Kürzere Lebenszykluszeiten,
- kürzere Innovations-, Entwicklungs- und Erprobungszeiten,
- kurze Lieferzeiten (just in time) und
- hohe Qualität bei
- niedrigen Preisen.

Um diese Herausforderungen erfolgreich zu meistern, helfen die systematischen Methoden des Projektmanagements. Deshalb ist das Projektmanagement (PM) für alle Branchen und Unternehmensgrößen zu einem wichtigen Werkzeug zum erfolgreichen Lösen komplexer Aufgaben geworden. Deshalb war es notwendig, die wichtigsten Definitionen, Begriffe, Vorgehensweisen und Methoden in Normen zusammenzufassen.

Die *DIN 69901* umfasst 5 Teile: *Grundbegriffe* (Teil 1 und Teil 2), *Methoden* (Teil 3: Projektgliederung, Projektstrukturplan, Arbeitspaket und Netzplantechnik), *Daten und Datenmodell* (Teil 4: Projektorganisation und Projektleiter) und Teil 5: *Projektphasen* und *Abschlussberichte*. Auch die ältere DIN-Norm 69900–01 wird noch verwendet. Sie beschreibt und definiert die Begriffe *Projektmanagement* und *Netzplantechnik*.

Die internationale Norm *ISO 21500:2012–09* ist ein Leitfaden zum Projektmanagement und beschreibt Begriffe, Grundlagen, das Prozessmodell und die Prozesse im Projektmanagement.

E. Hering, *Projektmanagement für Ingenieure*, essentials,
DOI 10.1007/978-3-658-04381-0_1, © Springer Fachmedien Wiesbaden 2014

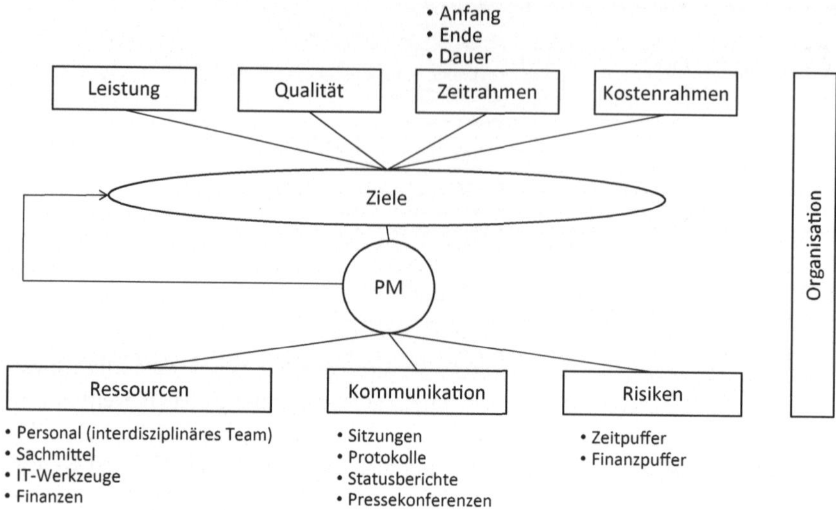

Abb. 1.1 Ziele und Aufgaben des Projektmanagements (eigene Darstellung)

In Anlehnung an diese Normen werden definiert:

▶   Projekt

Ein Projekt ist ein Vorhaben, das im Wesentlichen gekennzeichnet ist durch:

- die Einmaligkeit der Bedingungen in ihrer Gesamtheit,
- eine Zielvorgabe,
- einen definierten Anfang und ein festgelegtes Ende,
- zeitliche, finanzielle, personelle oder andere Begrenzungen,
- hohe Risiken,
- die Abgrenzung gegenüber anderen Vorhaben und eine projektspezifische Organisation.

▶   Projektmanagement

Allgemein bezeichnet der Betriff Projektmanagement alle leitenden und administrativen Aktivitäten, die zur Durchführung eines Projektes notwendig sind. Es beschreibt die Gesamtheit von Führungsaufgaben, -organisation, -techniken und -mitteln zur zielorientierten Durchführung großer Vorhaben.

Abbildung 1.1 veranschaulicht die erwähnten Zusammenhänge:

Ein Projekt beschreibt

- die Leistungen (Anforderungen) und die dafür erforderlichen Qualitäten,
- den Zeitrahmen (Anfang, Ende, Dauer) und
- legt die Kosten fest.

Das Projektmanagement (PM) hat folgende Hauptaufgaben:

- Festlegen der erforderlichen Ressourcen (Personal in Form eines interdisziplinären Teams),
- Festlegen der Kommunikation zwischen den Projektpartnern und den Auftraggebern (Sitzungen der Lenkungsausschüsse und der Arbeitsgruppen, Protokolle dieser Sitzungen, Projekttagebuch, Statusberichte, Pressekonferenzen, öffentliche und interne Mitteilungen) sowie
- Bewerten und Abschätzen der Risiken. Je nach Risikohöhe werden Zeit- und Finanzpuffer vorgesehen.

Die erwähnten Ausgaben haben wiederum Auswirkungen auf die Ziele des Projektes (Leistung, Qualität, Zeit und Kosten). Alle diese Faktoren bestimmen die *Organisation* eines Projektes.

Phasen des Projektmanagements 2

Projekte werden in einzelne *Phasen* eingeteilt. Das sind Arbeitsabschnitte, in denen die Tätigkeiten mit ihren *Arbeitsinhalten* und *Ergebnissen* sowie den anfallenden *Kosten* und den benötigten *Ressourcen* beschrieben sind. Diese Phasen enden mit einem *Meilenstein*, der den Abschluss der Phase feststellt und die Ziele kontrolliert. Je nach Art des Projektes und den speziellen Gegebenheiten werden die Projektphasen im Einzelnen ganz individuell definiert. Ein Projekt besteht aus folgenden 5 Phasen (Abb. 2.1):

- Machbarkeits-Studie (Phase vor dem eigentlichen Start des Projektes),
- Planungsphase,
- Durchführungsphase,
- Abnahmephase und
- Nutzungsphase (Inbetriebnahme).

Abbildung 2.1 zeigt, dass das *Kernprojekt* (Planung, Durchführung und Abnahme) durch die Organisation bestimmt wird und durch Controlling- und Steuerungsmaßnahmen auf seine Zieleinhaltung kontrolliert wird. Wie das Projekt von Phase zu Phase gesteuert wird, zeigt Abb. 2.2. Die Planungsphase wird oft in weitere Detailpläne gegliedert, die ebenfalls nach Abb. 2.2 gesteuert werden.

E. Hering, *Projektmanagement für Ingenieure, essentials,*
DOI 10.1007/978-3-658-04381-0_2, © Springer Fachmedien Wiesbaden 2014

Abb. 2.1 Phasen eines Projektes. (Eigene Darstellung)

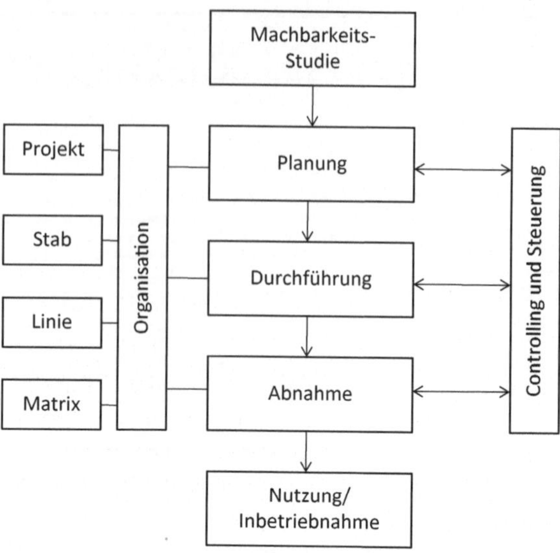

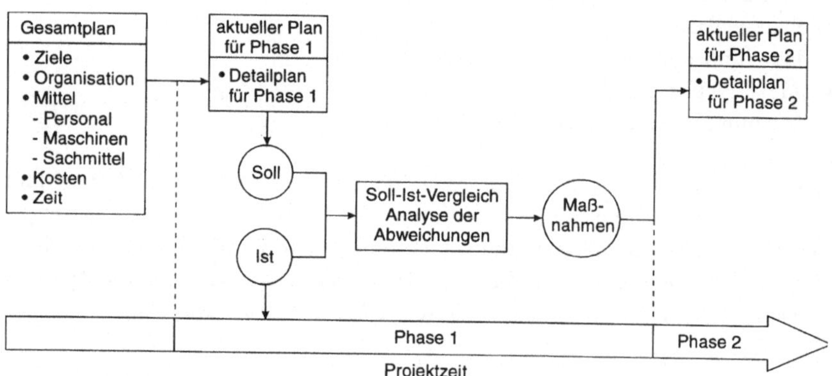

Abb. 2.2 Steuerung eines Projektes Hering und Draeger (2000)

Projektorganisation 3

Die deutlich zunehmende Komplexität von Projekten, die immer größere Inanspruchnahme von Fremdleistungen, die Zunahme von Risiken und die notwendige Transparenz in der Abwicklung, zwingen die Unternehmen durch geeignete organisatorische Maßnahmen, Verfahren und Hilfsmittel, eine schlagkräftige Koordination und Abwicklung sicherzustellen. Dies bedeutet, ein Projektmanagement organisatorisch, führungsbezogen und methodisch zu verankern. Dabei ist sicherzustellen, dass die Projektorganisation möglichst reibungsfrei und transparent (für alle Mitarbeiter nachvollziehbar) in die bestehende Organisation eingefügt wird.

Eine *interdisziplinäre Zusammenarbeit* über Abteilungsgrenzen hinweg ist ganz besonders wichtig. Während die Fachabteilungen eines Unternehmens die jeweiligen Spezialistenstandpunkte vertreten, muss das Projektmanagement Einzellösungen zu einem *systemoptimalen Gesamtentwurf* integrieren. Die Aufgaben einer Projektorganisation sind in Abb. 3.1 zusammengestellt.

Die *Projektorganisation* muss der Projektleitung ohne Verzögerung alle notwendigen aktuellen Informationen zur Verfügung stellen können, um eine zielgerichtete Steuerung zu ermöglichen. Dazu sind folgende vier Organisationsformen sinnvoll:

- Reine Projektorganisation,
- Stabs-Projektorganisation,
- Matrix-Projektorganisation und
- Time-Sharing-Projektorganisation.

E. Hering, *Projektmanagement für Ingenieure*, essentials,
DOI 10.1007/978-3-658-04381-0_3, © Springer Fachmedien Wiesbaden 2014

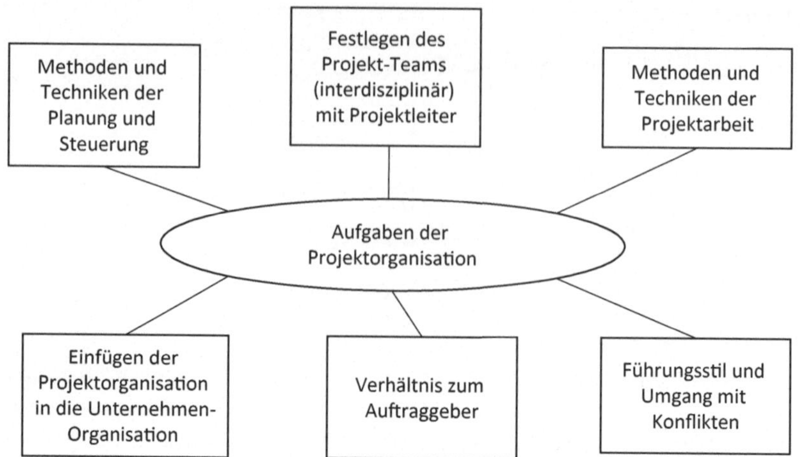

Abb. 3.1 Aufgaben einer Projektorganisation. (Eigene Darstellung)

3.1 Reine Projektorganisation

Hierbei wird parallel zur existierenden Aufbauorganisation im Unternehmen eine eigene *Projektorganisation* gebildet (Abb. 3.2).

Die für das Projekt notwendigen Mitarbeiter werden aus ihren Fachabteilungen organisatorisch herausgelöst und zu einer neuen, zeitlich begrenzten Organisationseinheit zusammengefasst. Diese Mitarbeiter arbeiten befristet ausschließlich für das Projekt. Sie werden von einem Projektleiter geleitet, der umfassende Kompetenzen und Verantwortung hat.

Diese Organisationsform hat folgende Vorteile:

- Klare Arbeitsanweisungen des Projektleiters,
- effiziente Steuerung und Kontrolle durch den Projektleiter,
- keine Störung der Projektmitarbeiter durch Tätigkeit in anderen Funktionen,
- keine Konflikte der Projektmitarbeiter mit anderen Abteilungen,
- hohe Identifikation der Projektmitarbeiter mit dem Projekt,
- starker Gruppenzusammenhalt und
- schnelle Entscheidungen.

Diese Form des reinen Projektmanagements wird in der Regel nur für größere Projekte genutzt. Bei einer Vielzahl von mittleren und kleinen Projekten führt ein

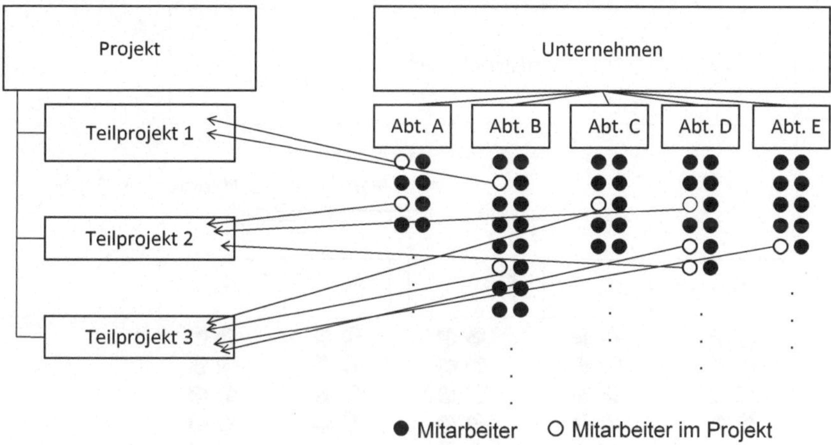

Abb. 3.2 : Reine Projektorganisation (eigene Darstellung)

reines Projektmanagement zu einem unwirtschaftlichen Einsatz der Personalkapazitäten.

Bei fest angestellten Mitarbeitern muss eine Weiterbeschäftigung nach Abschluss des Projektes sicher gestellt sein.

3.2 Stabs-Projektorganisation

Die Mitarbeiter des Projektes bleiben innerhalb ihrer Fachabteilungen, und die Entscheidungsbefugnis bleibt der Linie vorbehalten. Der Projektleiter hat nur *beratende* oder vorbereitende Funktionen (Stabsfunktion) und somit auch weit weniger Möglichkeiten, Entscheidungen durchzusetzen (Abb. 3.3). Dementsprechend hoch ist seine Belastung.

Die vorzunehmenden organisatorischen Änderungen sind verhältnismäßig gering, da die Mitarbeiter lediglich für den Projekteinsatz abgestellt werden, die Weisungsbefugnis und die Entscheidung über den weiteren Werdegang des Mitarbeiters aber in der Fachabteilung bleiben. Diese Form der Projektorganisation hat vorteilhafterweise eine hohe Flexibilität hinsichtlich des Mitarbeitereinsatzes, kann jedoch auch eine schwierige und zeitaufwändige Entscheidungsfindung zur Folge haben.

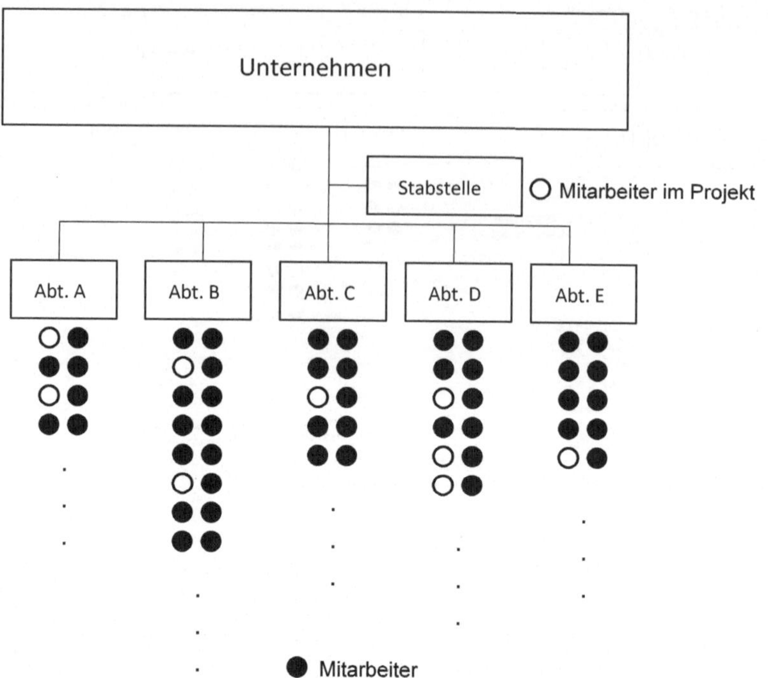

Abb. 3.3 Stabs-Projektorganisation (eigene Darstellung)

3.3 Matrix-Projektorganisation

Die Projekt-Matrixorganisation ist eine Mischung aus der reinen Projektorganisation und der Stabs-Projektorganisation. Diese Projektorganisation bedeutet vor
allem eine *Teilung der Macht* zwischen Linienmanagement und Projektleiter, was
eine Doppelunterstellung der Mitarbeiter an den Weisungsschnittstellen bedeutet
(Abb. 3.4).

Die Stärken dieser Organisationsform liegen im *Erhalt von Spezialisierungsvor-
teilen* bei gleichzeitiger *projektorientierter Integration*, dem Zwang zur Kooperation
zwischen den Fachabteilungen und der Know-how-Pflege und dessen Transfer von
Projekt zu Projekt.

Die ungewohnte Weisungsstruktur erfordert ein flexibles Verhalten der Mitarbeiter. Es besteht die Gefahr von Kompetenzkonflikten zwischen den Projektleitern
und den Fachabteilungsleitern. Bezüglich Kapazitäten und Terminen besteht ein

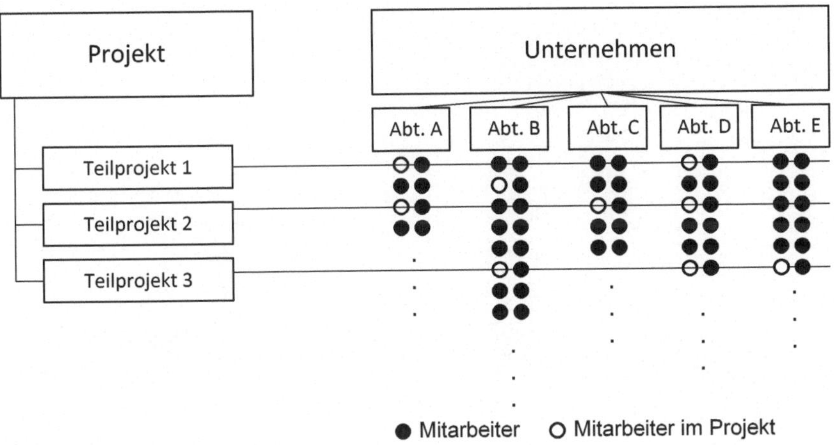

Abb. 3.4 Matrix-Projektorganisation (eigene Darstellung)

erheblicher Abstimmungsaufwand. Bei fehlender Transparenz der Projektpriori-täten können vermehrt Interessenskollisionen auftreten. Ohne eine ausreichende Vorbereitung und eventuelle Schulung der Mitarbeiter bleibt eine formale Imple-mentierung der Projektmatrixorganisation wirkungslos.

3.4   Time-Sharing-Projektorganisation

Bei der Time-Sharing-Projektorganisation wird ein Mitarbeiter für einen bestimm-ten Zeitraum der Woche 100 %ig für das Projekt abgestellt und ist während der übrigen Zeit 100 %ig für seine Fachabteilung in der Linie tätig. Dadurch werden die Nachteile der Linien- und Matrixorganisation vermieden. Dabei ist der Pro-jektleiter während der Projektphase sowohl Fach- als auch Disziplinarvorgesetz-ter. Während der Linienphase hat der Linienvorgesetzte volle Weisungsbefugnis. Bei zeitlich übergreifenden Entscheidungen müssen sich beide Vorgesetzte einigen oder gegebenenfalls einen gemeinsamen Vorgesetzten als Schlichter heranziehen. Allerdings bedarf diese Organisationsform ganz besonderer Disziplin der beteilig-ten Vorgesetzten und Mitarbeiter.

Projektinstanzen 4

Projektinstanzen sind der *Projektleiter*, das *Projektbüro* und das *Projektteam*.

4.1 Projektleiter

Die Aufgaben und Verantwortlichkeiten eines Projektleiters sind je nach Projektziel sehr unterschiedlich. Sie können Planungs-, Koordinations-, Kontroll- und Dokumentationsaufgaben beinhalten. Jedenfalls ist Aufgabe und Verantwortung des Projektleiters die *Erreichung* des vorher *festgelegten Projektzieles* im vorgegebenen Kosten- und Terminrahmen. In diesem Sinne trägt der Projektleiter die Gesamtverantwortung für das Projekt. Er ist also sowohl für die *technische* als auch für die *administrative Abwicklung* des Projektes voll verantwortlich. Diese Verantwortung ist der eines Geschäftsführers prinzipiell gleichzusetzen. Um diese schwierige Aufgabe zwischen technischer und kaufmännischer Anforderung meistern zu können, muss der Projektleiter mit umfassenden Vollmachten und Kompetenzen ausgestattet sein. Dies sind:

- Planung, Leitung und Kontrolle der technischen Aufgabenstellung,
- Auswahl von Unterauftragnehmern und Lieferanten,
- Planung, Freigabe und Kontrolle der Projektkosten,
- Terminablaufplanung und Kontrolle,
- Einführen einer funktionsfähigen Projektorganisation und
- Auswahl des Schlüsselpersonals.

Selbstverständlich muss sich der Projektleiter innerhalb der Regeln und Richtlinien seines Unternehmens bewegen.

E. Hering, *Projektmanagement für Ingenieure*, essentials,
DOI 10.1007/978-3-658-04381-0_4, © Springer Fachmedien Wiesbaden 2014

4.2 Projektbüro

Das Projektbüro ist eine der *zentralen Einrichtungen* einer Projektorganisation. Ihm kommt größte Bedeutung zu. Das Projektbüro wird von Projektleiter geleitet. Aufgaben des Projektbüros sind:

- Zentrale Stelle für ein- und ausgehende Post und E-Mail-Verkehr,
- Zeitmanagement für das Projekt,
- Registrierung, Verteilung und Aufbewahrung aller Dokumente,
- IT-Management der Daten,
- Schreibdienste, Aktualisierungsdienste und
- Dienstleistungen jeglicher Art für das Projekt.

Die zentrale Verwaltung von Dokumenten (z. B. in einer Datenbank) ist sehr wichtig. Ein Projekt ist ein *Gemeinschaftsprodukt* und kein Individualvorhaben. Deshalb muss bei einem Projekt jeder Mitarbeiter zu jeder Zeit an jede Unterlage gelangen können. Dies ist über IT-Lösungen mit entsprechenden Zugriffsrechten ohne Probleme möglich.

4.3 Projektteam

Teamarbeit ist erforderlich bei der Lösung umfangreicher und komplexer Aufgabenstellungen, wie es Projekte darstellen. Dazu müssen aus sachlichen und zeitlichen Gründen mehrere Menschen unterschiedlicher Qualifikation koordiniert zusammenarbeiten. Ein Team kann folgendermaßen beschrieben werden:

> Ein Team ist eine *hierarchiefreie Arbeitsgruppe* aus Mitgliedern der unterschiedlichsten Fachabteilungen bzw. Funktionen. Es *bearbeitet* und *löst* eine *Aufgabe*, die von ihr selbst entwickelt oder von außen vorgegeben wurde. Dieses Ziel wird von allen Gruppenmitgliedern *uneingeschränkt* verfolgt. Zur Lösung dieser Aufgabe gelten für alle Mitglieder bestimmte *Normen* und *Spielregeln*.

Das *Team-Management* umfasst, wie Abb. 4.1 zeigt, folgende Bereiche:

- Organisation,
- Arbeitsmethodik und
- zwischenmenschlicher Bereich.

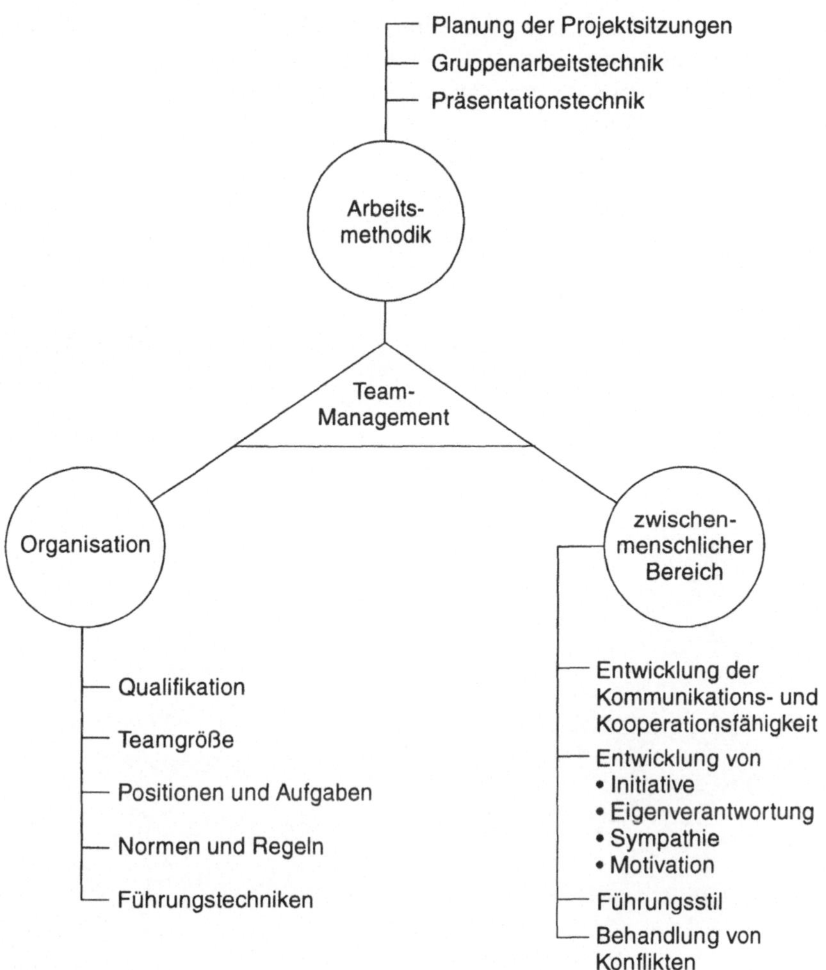

Abb. 4.1 Aufgaben des Team-Managements. Hering und Draeger (2000)

Zur klaren Verteilung der Rollen und Aufgaben innerhalb des Teams kann es sinnvoll sein, den einzelnen Teammitgliedern *Stellenbeschreibungen* für ihre Tätigkeit auszuhändigen.

Nach verschiedenen Untersuchungen treten während der Projektarbeit besonders *Kommunikationsprobleme* auf. Die Ursachen dafür liegen in den meisten Fällen bei den Team-Mitgliedern und sind im Wesentlichen darin begründet:

- Personen sind Einzelkämpfer statt Team-Mitglieder,
- spezielles Know-how wichtiger als interdisziplinäres Know-how,
- Wettbewerbs- und Konkurrenzdenken statt Kooperation sowie
- hoher Zeit- und Kostendruck.

Projektplanung und -steuerung 5

5.1 Stationen des Planungsprozesses

Die Projektplanung besteht, wie Abb. 5.1 zeigt, aus folgenden Teilen:

1. *Festlegen der Ziele (Was soll erreicht werden?)*
   Die Projektziele sind die Ergebnisse des Projektes, die unter bestimmten *Restriktionen* und *Risiken* zustande kommen. Für eine gute Zielbestimmung dienen folgende Grundsätze:
   - Ziele müssen als *Zielbündel strukturiert* werden im Sinne von Oberzielen, Zwischenzielen und Unterzielen sowie von Muss-Zielen und Wunsch-Zielen (Kann-Zielen). Als Darstellungsart hat sich eine *hierarchische Baumstruktur* bewährt. Die Strukturierung sollte so *detailliert wie nötig* durchgeführt werden. Das bedeutet: Für das *Gesamtprojekt* ist eine *grobe* Einteilung und für die *einzelnen Phasen* eine *feinere* Einteilung zu wählen.
   - Ziele müssen möglichst *operational* (d. h. handlungsorientiert) festgelegt werden.
   - Ziele sollten sich an *Wirkungen* orientieren, die man beeinflussen kann. Dabei sollten sowohl die *erwünschten* Wirkungen, als auch die *unerwünschten* Wirkungen beschrieben werden.
   - Zielkonflikte dürfen nicht bestehen bleiben. Sie müssen aufgelöst werden.
2. *Festlegen der einzelnen Aktivitäten in Umfang und Qualität (Was muss mit welcher Qualität im Einzelnen erledigt werden?)*
   In einem *Projektstrukturplan* nach Tab. 5.1 werden die einzelnen Aktivitäten und ihre Eigenschaften zusammengestellt.
3. *Einteilen des Personals (Wer macht was?)*
   Entsprechend der *Mitarbeiterqualifikation* werden den Tätigkeiten die entsprechenden Mitarbeiter zugeordnet. Es empfiehlt sich, hier bereits schon die Maßnahmen bei Engpässen oder Ausfällen einzuplanen.

E. Hering, *Projektmanagement für Ingenieure*, essentials,
DOI 10.1007/978-3-658-04381-0_5, © Springer Fachmedien Wiesbaden 2014

Tab. 5.1 Muster eines Strukturplans. Hering und Draeger (2000)

Projektstrukturplan			Projekt:	Datum: Planer:						
Phase	Projektteil	Bezeichnung der Aktivität	Vorgänger	Nachfolger	Mitarbeiter	Qualität	Aufwand (Zeit)	Beginn	Ende	Aufwand (Kosten)

4. *Festlegen des Endtermins (Bis wann?)*
   Dazu müssen die Dauer der einzelnen Tätigkeiten ermittelt werden. Um aus der Tätigkeitsliste die Endtermine ermitteln zu können, müssen die vorhergehenden und die nachfolgenden Tätigkeiten erfasst werden.
5. *Festlegen der Kosten (Zu welchen Kosten?)*
   Für jede Tätigkeit muss festgelegt werden, wie hoch die Kosten sind.
   Die Zusammenhänge zwischen Aktivitäten, Personen, Zeit und Kosten kann übersichtlich in einem *Netzplan* zusammengestellt werden (Abschn. 6). Er gibt Antwort auf die wichtige Frage: „Was muss von wem bis wann zu welchen Kosten erledigt werden?" Mit Hilfe eines Netzplanes können auch wichtige Kontrollpunkte (*Meilensteine*) festgelegt werden.
6. *Auswahl der erforderlichen Methoden und Hilfsmittel*
   Für die einzelnen Aktivitäten müssen die erforderlichen Methoden (z. B. Brainstorming zur Ideenfindung oder Operations Research-Methoden zur Optimierung) herangezogen und die entsprechenden Hilfsmittel (z. B. Rechner mit Software oder Metaplantafeln) bereitgestellt werden.
7. *Organisation*
   Hierbei müssen Regelungen zur *Aufbau-, Ablauf und Arbeitsorganisation* gefunden werden.
   Die Schritte 2 bis 5 in Abb. 5.1 werden mit der Methode der Netzplantechnik (Abschn. 6) organisiert.

5.2   Wichtige Planungsphasen im Einzelnen

5.2.1   Schätzung des Aufwands und des Risikos

Wird die Schätzung des Aufwandes nach der *ganzheitlichen* Methode durchgeführt, dann geht man nach den in Abb. 5.2 zusammengestellten Schritten vor.

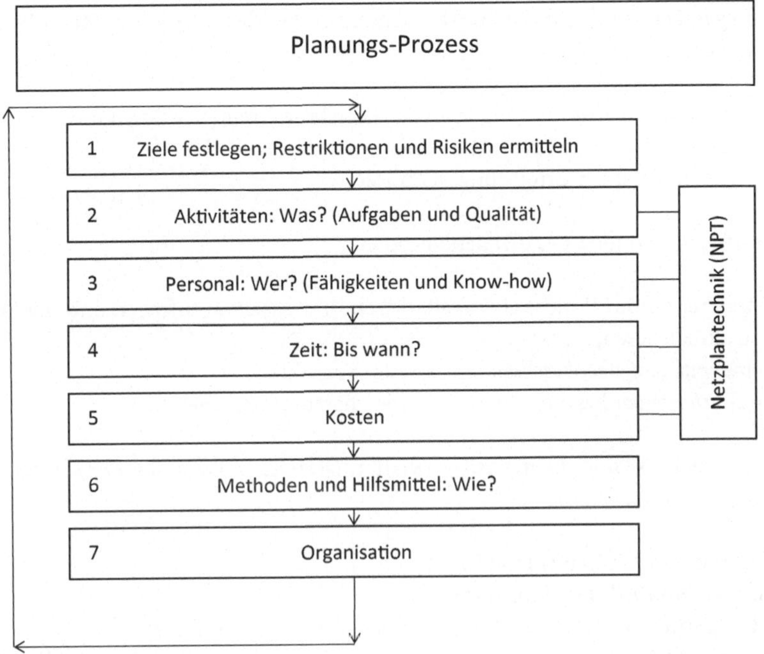

Abb. 5.1 Phasen des Planungsprozesses. Hering und Draeger (2000)

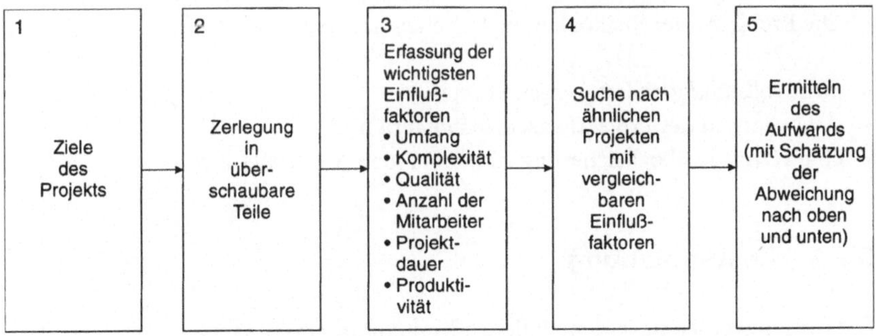

Abb. 5.2 Schema beim Vorgehen zur Aufwandsermittlung. Hering und Draeger (2000)

Folgende Gründe führen zu Abweichungen von den Werten in der Aufwandschätzung:

- Änderung der Anforderungen an das Projekt während der Projektbearbeitung,
- unzureichende Projektvorgaben und
- Ungenauigkeit der Ermittlungsverfahren.

Aus diesem Grunde ist es dringend geboten:

- *Änderungen* im Projekt einzukalkulieren und gezielt abzufragen und die Pläne zu aktualisieren,
- eine *gute Aufgabenbeschreibung* vorzunehmen und
- mit *erfahrenen Partnern* die Aufwandsschätzung vorzunehmen.

Jedes Projekt ist mit einem *Risiko* behaftet. Deshalb müssen alle *Phasen des Planungsprozesses*

- nach ihrem *Risikoanteil* untersucht,
- mit einem *Risikofaktor bewertet,*
- die *Eintrittswahrscheinlichkeit* des Risikos festgestellt und die
- *Maßnahmen* aufgestellt werden, die beim Eintritt des Risikofalles ergriffen werden müssen, um nachteilige Auswirkungen zu gering wie möglich zu halten.

Tabelle 5.2 zeigt ein Formular zur planvollen Risiko-Abschätzung.
    Die Probleme der Risikoplanung bestehen darin, dass Risiken

- *nicht vollständig* erfasst werden können,
- sich während des Projektfortschritts *ändern* und
- eine völlige Risikoabsicherung zu *überhöhtem Aufwand* führt.

5.2.2   Kostenplanung

Die Kosten werden nach dem üblichen Kontenrahmen geplant als

▶   Kostenarten

Unterschieden in:

- Projekt-Einzelkosten für
  - Personal,
  - Material,

Tab. 5.2 Planung des Risikos (eigene Tab.)

Planung des Risikos						
Art des Risikos	ja	kein	?	Kosten (T€)	Zeit (Std)	Bemerkungen
Klare Aufgabenbeschreibung						
Klare Projektstruktur						
Risiken der Projektteile						
• Projektteil X:						
• Projektteil Y:						
• Projektteil Z:						
Risiken in den Phasen						
• Phase A:						
• Phase B:						
• Phase C:						
Technische Risiken						
Methodische Risiken						
Kommunikative Risiken						
Risiken von Seiten der Mitarbeiter						
Risiken von Seiten der Partner						
Sonstige Risiken						

- – Maschinen und Anlagen,
- – Fremdleistungen,
- – Reisekosten,
- – Ausbildungskosten und Literatur,
- – Kosten der IT sowie
- – Versicherung- und Transportkosten.
- Projekt-Gemeinkosten für
  - – Verwaltung,
  - – Zentrale Dienstleistungen,
  - – Miete und
  - – Sonstiges.

▶   Kostenstellen

▶   Kostenträger

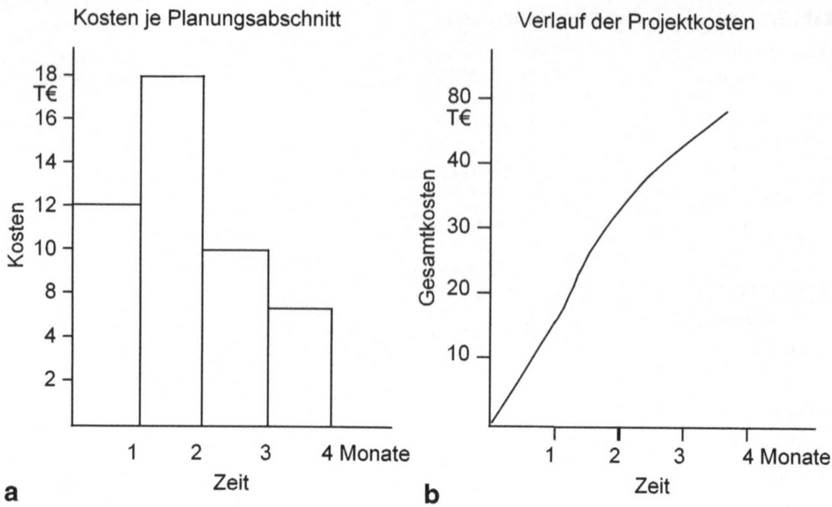

Abb. 5.3 Planung der Projektkosten. Hering und Draeger (2000)

Als Kostenträger kommen in Frage:

- Gesamtprojekt,
- Teile eines Projektes,
- Phasen eines Projektes oder
- eine einzelne Aktivität.

▶   zeitliche Zuordnung

Es ist sinnvoll, die einzelnen Kosten den zeitlichen Planungsabschnitten zuzurechnen (Abb. 5.3a) und die gesamten bisher aufgelaufenen Kosten (kumulierte Kosten)
im Zeitverlauf darzustellen (Abb. 5.3b).

5.2.3 Terminplanung

Zur Terminplanung von Projekten haben sich folgende Verfahren bewährt:

- *Liste der Meilensteine*
  Meilensteine sind wichtige Etappen eines Projektes. An ihnen kann das Erreichte gemessen werden und es wird klar, ob die Termine und der Kostenrahmen
  eingehalten worden sind.

Tab. 5.3 Formular zur Projektplanung. Hering und Draeger (2000)

Projekt/Auftrag Projektnummer:	Bezeichnung:					
Projektleiter _____________		Stellvertreter _____________				
Projektphase – Planung	Mitarbeiter	Beginn	Ende	Manntage	Kosten	Bemerkungen

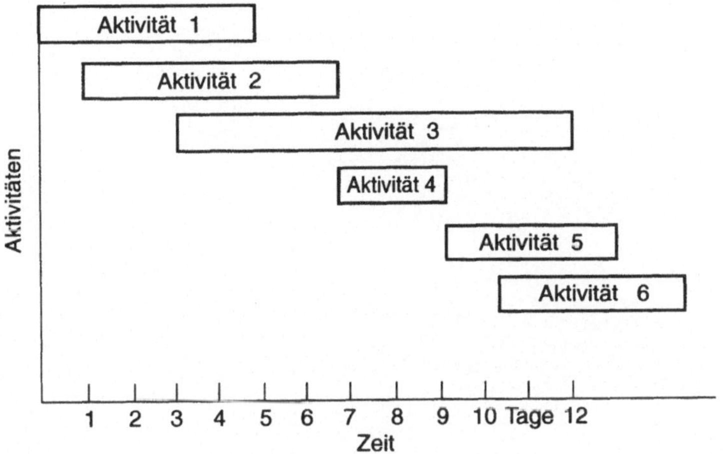

Abb. 5.4 Balken- (Gantt –) Diagramm. Hering und Draeger (2000)

- *Terminplan*
  Der Terminplan zeigt die Zuordnung der Tätigkeiten auf die Personen und die Zeiten (Tab. 5.3, s. Abschn. 6).
- *Balkendiagramm*
  Bei der Planung der Aktivitäten bzw. von Personal werden die geplanten Zeiten als Balken eingezeichnet (Abb. 5.4). Man nennt diese Diagramme auch *Gantt-Diagramme*. Der große Vorteil besteht darin, dass dadurch die einzelnen Projektschritte in ihrer Zeitfolge veranschaulicht werden.

Die Netzplantechnik (NPT nach DIN 69900–1) erlaubt, umfangreiche Projekte so zu planen, dass die *erforderlichen Mittel* (Menschen, Maschinen, Material und Kapital) und *Methoden* zur vorgesehenen *Zeit*, in der erforderlichen *Menge* und *Qualität* am *richtigen Ort* zur Verfügung stehen. Das bedeutet, dass viele Vorgänge, die zwangsweise *nacheinander* oder möglicherweise *nebeneinander* ablaufen, sicher beherrscht werden müssen. Die Systematik zeigt Abb. 6.1.

Der so entwickelte Netzplan stellt eine anschauliche, systematische und klare *Gliederung* der Einzelaufgaben im Gesamtzusammenhang dar und ermöglicht, *Zeiten, Kosten* und *Kapazitäten* sicher zu planen. Die Kontrolle während der Projektlaufzeit ist besonders leicht: Planabweichungen können schnell erkannt und ihre Auswirkungen im Hinblick auf Zeit und Kosten sicher beurteilt werden, so dass erfolgversprechende steuernde Gegenmaßnahmen rechtzeitig in die Wege geleitet werden können. Aus diesen Gründen gehört die Netzplantechnik zu den erfolgreichsten Verfahren der Planung, Steuerung und Kontrolle von umfangreichen Projekten und ist universell einsetzbar.

6.1 Methoden der Netzplantechnik

Ein Netzplan setzt zwei unterschiedliche Elemente miteinander in Beziehung:

- *Vorgänge (Tätigkeiten, Aktivitäten)*
  Sie beschreiben die zeitverbrauchenden Teilabschnitte mit einem Anfangs- und Endzeitpunkt und
- *Ereignisse*
  Sie sind nicht zeitverbrauchende Zustände während der Projektdurchführung und bestimmen als Zeitpunkte Anfang oder Ende von Vorgängen.

E. Hering, *Projektmanagement für Ingenieure, essentials,*
DOI 10.1007/978-3-658-04381-0_6, © Springer Fachmedien Wiesbaden 2014

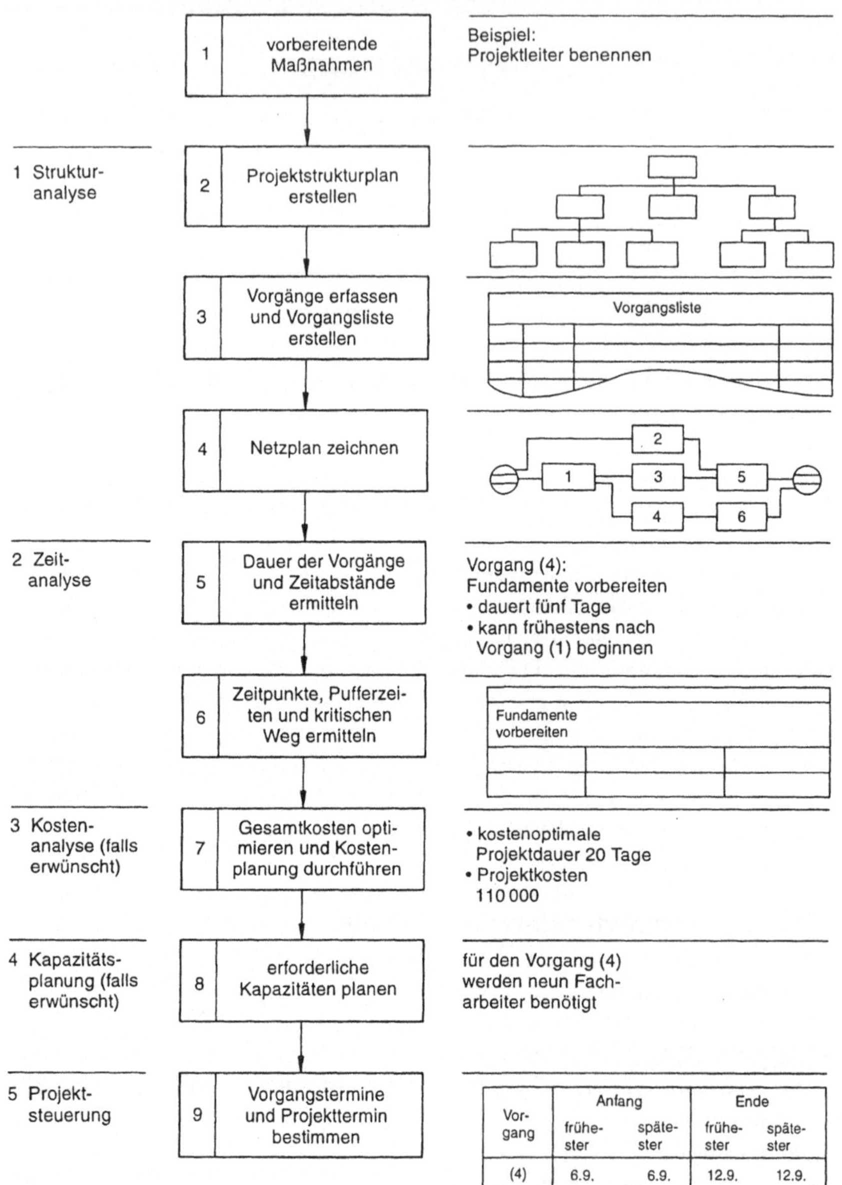

Abb. 6.1 Schema der Netzplantechnik. Hering und Draeger (2000)

Tab. 6.1 Arten von Netzplänen. Hering und Draeger (2000)

Netzplanart	Bezeichnung	Schema
Ereignis-Knoten-Netzplan: Beschreibung der Ereignisse (EKN)	Projekt Evaluation and Review Technique (PERT)	Ereignis
Vorgangs-Knoten-Netzplan: Beschreibung der Vorgänge durch Knoten (VKN)	Metra-Potential-Methode/ Precedence Method (MPM/PM)	→ K | P | D / Vorgangsbezeichnung / FA | FE | SA | SE →
Vorgangs-Pfeil-Netzplan: Beschreibung der Vorgänge durch Knoten (VPN)	Critical Path Method (CPM)	K / FA|SA → Vorgang D → K / FA|SA

K	Kennziffer des Vorgangs
P	Pufferzeit (x bedeutet Pufferzeit = null)
D	Dauer des Vorgangs
FA	frühestmöglicher Anfang des Vorgangs
FE	frühestmögliches Ende des Vorgangs
SA	spätest erlaubter Anfang des Vorgangs
SE	spätest erlaubtes Ende des Vorgangs.

Die *grafischen Elemente* eines Netzplans bestehen aus:

- *Knoten* (Kasten oder Kreis), die durch
- *Pfeile* miteinander verbunden sind.

Je nach Darstellung von Ereignissen oder Vorgängen und ihre Zuordnung auf Knoten oder Pfeile ergeben sich nach Tab. 6.1 *drei wesentliche Varianten* der Netzplantechnik.

Der Netzplan liefert im Wesentlichen folgende, für den Zeitablauf wichtige Informationen:

- *Pufferzeiten (P)*
  Sie entstehen, wenn frühestmöglicher (FA) und spätestmöglicher (SA) Zeitpunkt verschieden sind (SA – FA = P). Sie geben den *zeitlichen Spielraum* an, um den sich der Anfangstermin eines Vorgangs verzögern kann, ohne die Gesamtdauer des Projektes zu verlängern und
- *kritischer Weg (critical path)*
  Er ist der längste Weg durch einen Netzplan. Auf ihm sind die *Pufferzeiten gleich null* (in Abb. 6.2 mit einem Kreuz gekennzeichnet). Das bedeutet: eine zeitliche

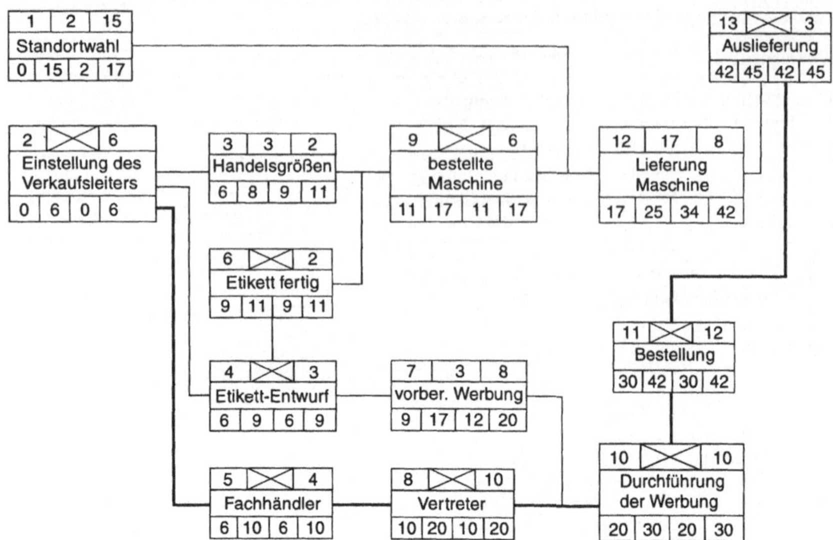

Abb. 6.2 Vorgang-Knoten-Netzplan des Beispiels. Hering und Draeger (2000)

Verzögerung einer Tätigkeit auf dem kritischen Pfad führt zu einer zeitlichen Verlängerung des gesamten Projektes. Ein kritischer Weg gibt also Auskunft über die *kritischen Vorgänge* innerhalb eines Netzplanes und ist durch die Verbindung aller Vorgänge mit Pufferzeit null sichtbar (dicker ausgezogene Linie in Abb. 6.2).

6.2 Beispiel eines Netzplanes

An folgendem Beispiel wird ein Netzplan entworfen: Ein spezielles, in Deutschland entwickeltes Zweikomponenten-Gießharz zur Herstellung von Modellbauformen soll in den USA über den Fachhandel vertrieben werden. Es handelt sich dabei allgemein um die Aufgabe, ein Vertriebsnetz für bestehende Produkte in neuen Märkten aufzubauen.

Die aus Deutschland gelieferten Gießharzgebinde müssen, den amerikanischen Handelsgrößen entsprechend, umverpackt werden. Folgendes soll bei der Durchführung des Projektes beachtet werden:

Tab. 6.2 Vorgangsliste des Beispiels. Hering und Draeger (2000)

Vorgang Nr.	Beschreibung	Direkter Vorgänger	Direkter Nachfolger	Dauer in Wochen
1.	Standortwahl	–	12	15
2.	Einstellung des Verkaufsleiters	–	3, 4, 5	6
3.	Festlegen der Handelsgrößen	2	9	2
4.	Etikettenentwurf	2	6, 7	3
5.	Auswahl der Fachhändler	2	8	4
6.	Etiketten-Fertigentwurf	4	9	2
7.	Vorbereitung der Werbekampagne	4	10	8
8.	Einstellung der Vertreter	5	10	10
9.	Auswahl der Verpackungs-und Etikettiermaschinen	3, 6	12	6
10.	Durchführung der Werbekampagne	7, 8	11	10
11.	Bestellung durch den Fachhandel	10	13	12
12.	Lieferung der Maschinen	9	13	8
13.	Auslieferung der Produkte	12, 11	–	3

- Festlegen der Handelsgröße, Entwurf der Verpackungsform und der Etikettierung durch eine Kommission deutscher und amerikanischer Experten unter Leitung eines neu einzustellenden Verkaufsleiters;
- Auswahl, Bestellung und Lieferung der Verpackungs- und Etikettierungsmaschinen an den neuen amerikanischen Standort;
- Auswahl der Fachhändler und Einstellung der Vertreter durch den Verkaufsleiter;
- Starten einer Werbekampagne und
- Bestellung sowie Auslieferung der Produkte zum Fachhandel.

Ein Netzplan kann nach folgendem Schema aufgestellt werden:

- Aufstellung aller Tätigkeiten, die für die Erfüllung des Projektes unbedingt erforderlich sind. Für jede Tätigkeit werden folgende vier Fragen beantwortet und in eine *Vorgangsliste* (Tab. 6.2) eingetragen:

1. Welche Tätigkeit(en) muss (müssen) unmittelbar vorher abgeschlossen sein (*direkte Vorgänger*)?
2. Welche Tätigkeit(en) folgt (folgen) unmittelbar (*direkte Nachfolger*)?
3. Welche Tätigkeit(en) kann (können) gleichzeitig ablaufen?
4. Wie lange dauern die einzelnen Tätigkeiten?

Tabelle 6.2 zeigt die Vorgangsliste und Abb. 14 den zugehörigen Vorgangs-Knoten-Netzplan.

Wie Abb. 6.2 zeigt, ist das gesamte Projekt frühestens nach 45 Wochen abgeschlossen und der kritische Pfad (dicker Linienzug in Abb. 6.2) läuft entlang folgender Tätigkeiten: „Einstellung des Verkaufsleiters" – „Auswahl der Fachhändler" – „Einstellung der Vertreter" – „Durchführung der Werbekampagne" – „Bestellung durch den Fachhandel" – „Auslieferung der Produkte". Dieser kritische Weg muss genau überwacht werden, da jede zeitliche Verzögerung eine Verlängerung der gesamten Projektdauer bedeutet.

6.3   Bedeutung der Netzplantechnik

Die Netzplantechnik besteht aus den drei, für jede Planung notwendige Bausteine:

1. *Zerlegen*
   in Tätigkeiten, für die Zeiten, Kosten oder andere Kapazitäten bereitzustellen sind;
2. *Zusammenfügen*
   aller Einzeltätigkeiten unter Beachtung der Vorgänger und der Nachfolger sowie
3. *Darstellen*
   in einer Grafik.

Die bereits aufgezeigten Vorteile der Netzplantechnik werden für äußerst komplexe und umfangreiche Projekte noch größer, wenn man entsprechende *Computerprogramme* einsetzen kann. In diesem Fall wird es möglich:

- sämtliche Rechenabläufe (Termine, Kosten und Kapazitäten sowie den kritischen Weg) schnell und richtig zu erledigen;
- die Projektdaten auf dem jeweils neuesten Stand verfügbar zu halten, um
- einen Soll-Ist-Vergleich schnell und vollständig durchzuführen, um entsprechende Maßnahmen einleiten zu können;
- Änderungen von Projekten während der Projektlaufzeit ohne Probleme zu berücksichtigen;
- besondere Auskünfte durch entsprechende Sortierung oder Mischung der aktuellen Informationen zu erstellen,
- bei großen und komplexen Projekten sofortige Steuerungsmaßnahmen an der richtigen Stelle einzuleiten und

- für spätere Projekte mit vorhandenen Netzplänen (Standardnetzpläne für bestimmte Projekttypen) sehr schnell und sicher neue Projekte zu planen.

Um die Methode der Netzplantechnik erfolgreich einsetzen zu können, müssen bestimmte Voraussetzungen gegeben sein, die sich stichwortartig folgendermaßen zusammenfassen lassen:

- Ein Projekt muss eine Aufgabe umfassen, die einen *definierten Anfang* und ein *klares Ende* hat und deren *zeitlicher Rahmen* durch die Projektdauer festgelegt ist.
- Das Projekt muss klar in Teilaufgaben oder *Vorgänge* zerlegbar sein, für die jeweils ebenfalls die *Zeitdauer* (*Kosten* oder *Kapazitäten*) feststellbar oder hinreichend sicher abzuschätzen sind.
- Die Abhängigkeiten der Vorgänge im Sinne von *Vorgängern*, *Nachfolgern* oder *gleichzeitigen Abläufen* müssen sicher erfassbar sein und eine *netzartige Struktur ohne Schleifen* aufweisen.

Das Verfahren zur Projektsteuerung läuft nach dem Regelkreis (Abb. 2.2). Zur Projektsteuerung ist es wichtig, den *Projektfortschritt* zu messen. Dazu sind folgende Informationen erforderlich:

- Verbrauchte Zeit (absolut und in % der Projektdauer),
- noch benötigte Zeit (absolut und in % der Projektdauer),
- verbrauchte Kosten (absolut und in % des Gesamtbudgets),
- noch zu erwartende Kosten (absolut und in % des Gesamtbudgets),
- Berichtswesen zur Dokumentation des Fortschritts (Projekttagebuch) und
- Maßnahmen zur Erreichung des Projektziels unter Einhalten des Zeitrahmens und des Kostenbudgets.

7.1 Berichtswesen (Projekt-Tagebuch)

Das Berichtswesen dient dazu, den Fortschritt des Projektes schnell erkennen zu können. Im vorliegenden Fall werden folgende drei Teile vorgestellt:

1. *Projekt-Planung* (Projektleiter mit Projektteam)
   Bevor das Projekt gestartet wird, muss es durchgeplant werden. Im Einvernehmen mit dem Projektteam geschieht dies mit einem Formular nach Tab. 7.1.
2. *Wochenbericht der Mitarbeiter*
   Jeder Mitarbeiter erstellt pro Woche seinen Wochenbericht nach Tab. 7.1. Bei der Zeitangabe genügt die Genauigkeit von einer halben Stunde. Können Tätigkeiten nicht den Projekten zugeordnet werden, so müssen sie als interne Tätigkeiten (auf einem anderen Blatt) aufgeführt werden. Der Wochenbericht ist spätestens am Montag in die IT-Software einzupflegen.

E. Hering, *Projektmanagement für Ingenieure*, essentials,
DOI 10.1007/978-3-658-04381-0_7, © Springer Fachmedien Wiesbaden 2014

Tab. 7.1 Formular zum Wochenbericht. Hering und Draeger (2000)

Wochenbericht

Name:		Woche:								
Projekt-Nr.	Projektphase, Tätigkeit	Mo	Di	Mi	Do	Fr	Sa	So	Summe	Bemerkungen
Summe										

Abgabe: Jeden Freitag an Buchhaltung

Tab. 7.2 Formular zum Projekt-Bericht. Hering und Draeger (2000)

Datum: ________

Projekt-Nr. ______________   Blatt: ________

Projekt-Bezeichnung:___________   Projektleiter: ________________

Projektphase		Mitarbeiter	Datum	Zeitaufwand in h		Tätigkeiten lt. Schlüssel in h									
Nr.	Bezeichnung			ist	offen	01	02	03	04	05	06	07	08	09	10
Summe															

3. *Projekt-Bericht*

   Mit Projektbeginn ist der Bericht zum Projekt zu erstellen. Er dient dazu, den
   zeitlichen Fortschritt und die Art der Tätigkeit festzuhalten sowie Besonderhei-
   ten zu dokumentieren. Auszufüllen sind im Formular nach Tab. 7.2:

   - Projektphase (nach Projektplanung),
   - Mitarbeiter (MA),
   - Tagesdatum,
   - Zeitaufwand in Stunden und der geschätzte offene Restaufwand,
   - der Restaufwand wird den einzelnen Tätigkeiten (mit Schlüsseln gekenn-
     zeichnet) zugeordnet.

Der Projektbericht bleibt beim Projektleiter bis zum Abschluss des Projekts und geht dann anschließend zur Buchhaltung zur Abrechnung.

Die entsprechenden Berichte können mit entsprechender Software aus dem Status des Netzplanes automatisch erzeugt werden.

7.2 Zeit-Kosten-Fortschritt

In Abb. 7.1 ist der Fortschritt des Projektes in der Zeit und in den Kosten zu sehen. In der *Zeit-Kosten-Fortschrittskurve* (Abb. 7.1a) lassen sich durch Vergleich der Plan- mit der Ist-Kurve

- Kostenüberschreitungen (ab 120 Manntagen nach Abb. 7.2) und
- Terminverzögerungen

feststellen.

Ist es möglich, Teile eines Projektes zu verkaufen, so könnte eine projektbezogene Kosten- und Ertragsplanung wie in Abb. 7.2 aussehen. Wie man sieht, ist ab dem Monat 07/13 ein positiver Ertrag geplant. Durch Verzögerungen des Projektes ist dieser geplante Ertrag noch nicht realisiert worden.

7.3 Einleitung von Maßnahmen

In den erforderlichen *Projektsitzungen* wird das *aktuelle Projekt-Tagebuch* vorgestellt. Mögliche Inhalte sind:

- Abweichungen vom Plan (Kosten, Zeit, sonstige Kapazitäten) mit Begründungen aufzeigen,
- Prioritäten der Abweichungen festlegen,
- Maßnahmen zur Zielerreichung suchen, finden und festlegen,
- Festhalten der Ergebnisse in einer Ergebnisliste, in der die Ergebnisse nach folgenden Kategorien bewertet werden:
  a. *Aufforderung (A)*
  Dies ist eine begrenzte Aufgabe, die bis zu einem bestimmten Termin von den festgelegten Personen erledigt werden muss.
  b. *Beschluss (B)*
  Dies ist eine bindende Einigung aller Besprechungsteilnehmer über die besprochenen Punkte (Termine, Kosten, Methoden, Verfahrensweisen, Aufgabenverteilung).

Zeit-Kosten-Fortschrittskurve

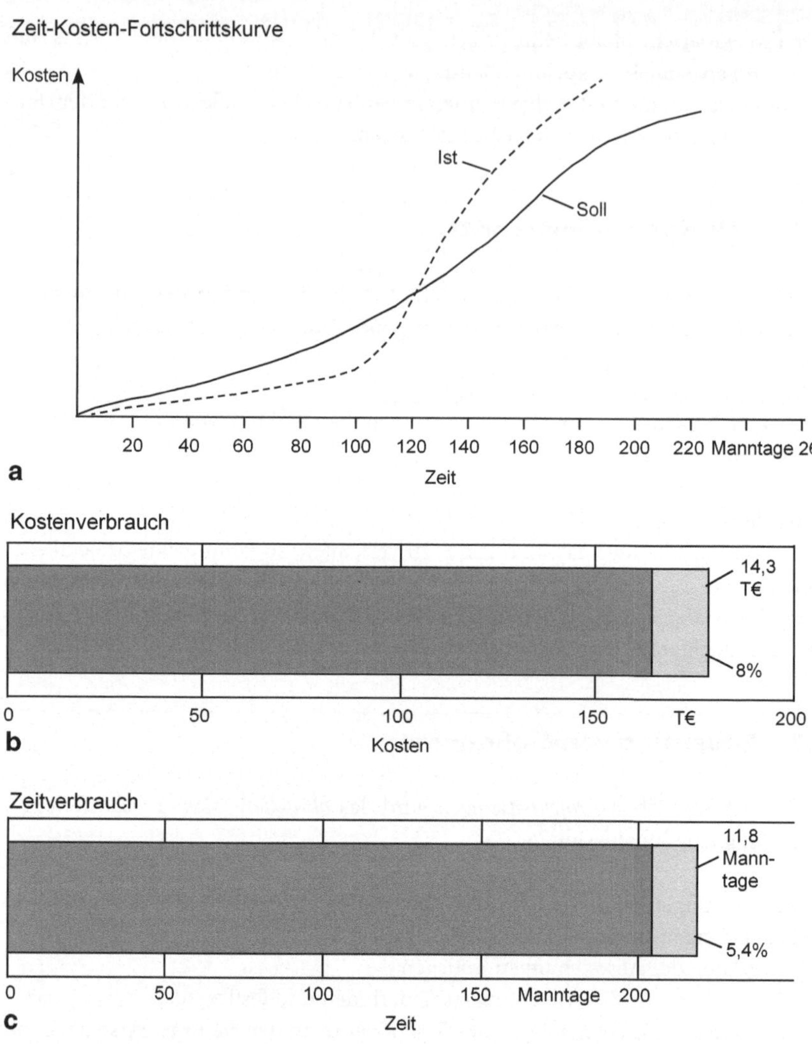

Abb. 7.1 Zeit-Kosten-Fortschrittserfassung. Hering und Draeger (2000)

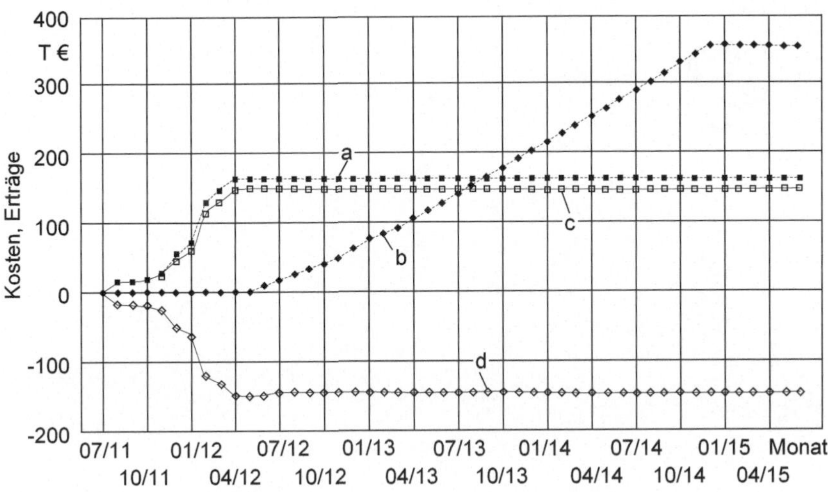

Abb. 7.2 Plan-Ist-Vergleich der Kosten und Erträge. Hering und Draeger (2000)

c. *Empfehlung (E)*
Hier wird eine Maßnahme oder eine Methode für die Zukunft empfohlen.
d. *Feststellung (F)*
Es werden die wichtigen Sachverhalte, die als Entscheidungsgrundlage dienen, festgehalten.

Projektmanagement-Institutionen und Standards

8

8.1 Projektmanagement-Institutionen

Folgende Gesellschaften widmen sich den Methoden des Projektmanagements:

- GPM: Deutsche Gesellschaft für Projektmanagement.
- IPMA: International Project Management Association.
- PMI: Project Management Institute.

8.2 Projektmanagement-Standards

Folgende Standards für das Projektmanagement sind maßgebend:

- DIN 69901: Meist angewandte Norm im deutschsprachigen Raum.
- ISO 21500: 2012–09: Findet großen internationalen Anklang.
- PTINCE2: Standards aus den USA.
- PMBOK: Älterer amerikanischer Standard.
- IPMA Competence Baseline (ICB 3.0). Standards der International Project Management Association (IPMA).

E. Hering, *Projektmanagement für Ingenieure*, essentials,
DOI 10.1007/978-3-658-04381-0_8, © Springer Fachmedien Wiesbaden 2014